# ALLOCUTION

POUR LA PROFESSION

AU

# [CARME]L SAINT-GERMAIN-EN-LAYE

DE

[Made]moiselle LOUISE CHÉROT

EN RELIGION

[JOS]EPH-TÉRÈSE-MARIE DE JÉSUS

PRONONCÉE

[par] le P. H. CHÉROT, S. J.

le 4 Avril 1888

CHARTRES

IMPRIMERIE DURAND, RUE FULBERT

1888

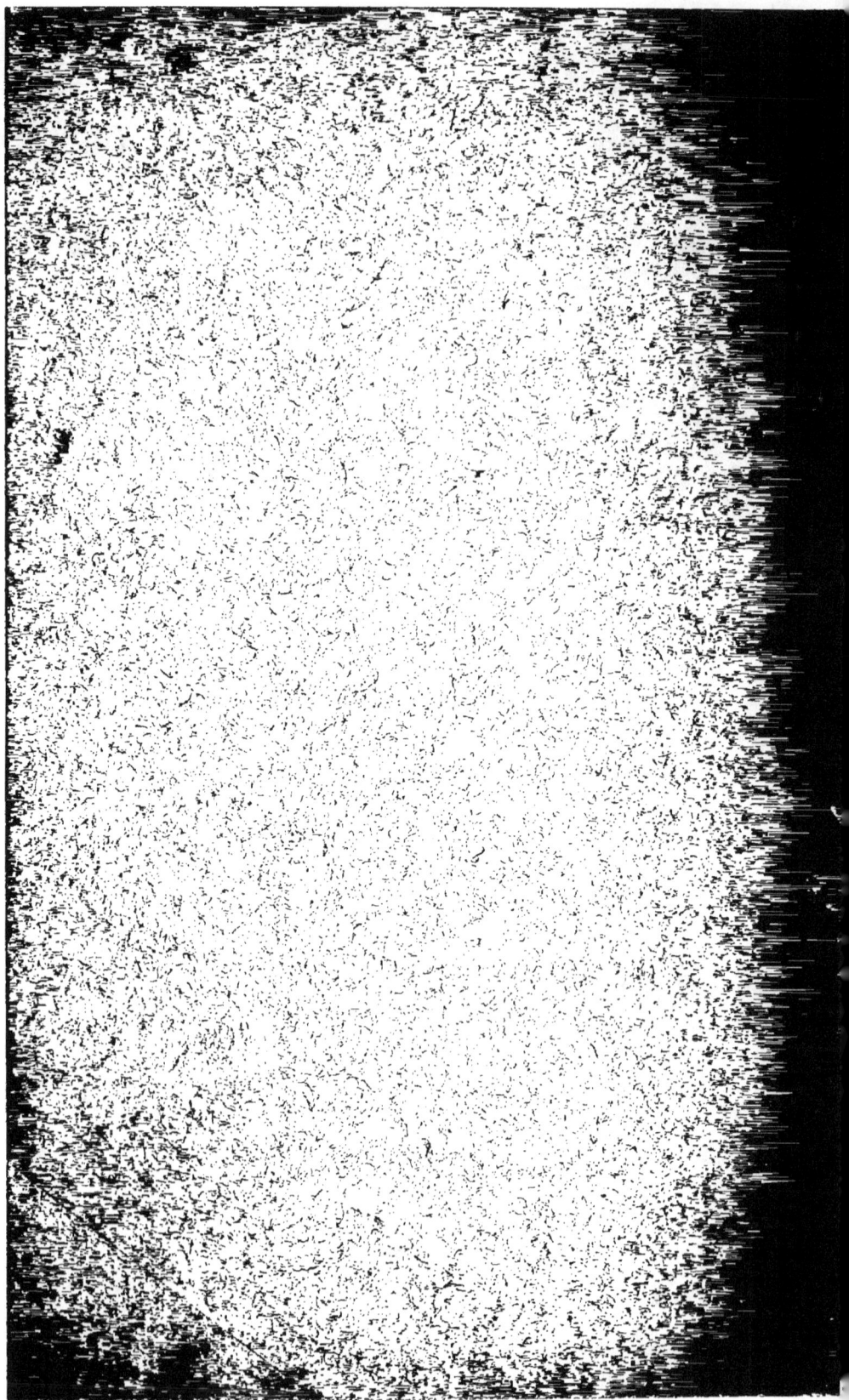

# ALLOCUTION

## POUR LA PROFESSION

### AU

# CARMEL DE SAINT-GERMAIN-EN-LAYE

### DE

## Mademoiselle LOUISE CHÉROT

#### EN RELIGION

## Sœur JOSEPH-TÉRÈSE-MARIE DE JÉSUS

#### PRONONCÉE

## Par le P. H. CHÉROT, S. J.

*le 4 Avril 1888*

## CHARTRES

IMPRIMERIE DURAND, RUE FULBERT

—

1888

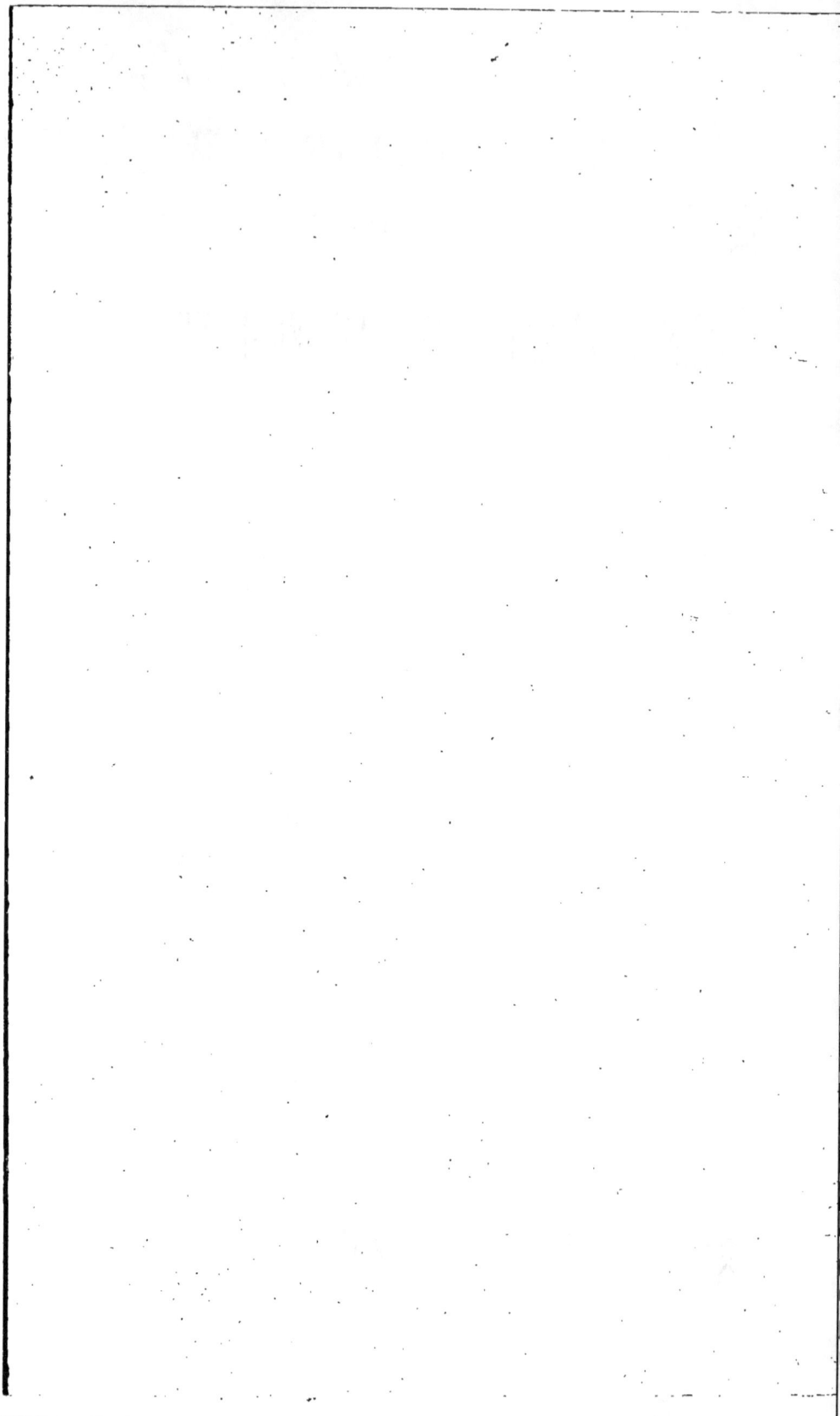

# ALLOCUTION

## POUR LA PROFESSION

AU

# CARMEL DE SAINT-GERMAIN-EN-LAYE

DE

## Mademoiselle Louise CHÉROT

EN RELIGION

### Sœur JOSEPH-TÉRÈSE-MARIE DE JÉSUS

PRONONCÉE

## Par le P. H. CHÉROT, S. J.

*le 4 Avril 1888.*

—◦◦◦◦—

> Voluntarie sacrificabo tibi et confitebor nomini tuo, Domine, quoniam bonum est.
>
> C'est volontairement que je vous offrirai un sacrifice, et je confesserai de votre nom, Seigneur, qu'il est bon.
>
> Au Psaume 53ᵉ, v. 6.

MA CHÈRE SŒUR,
MES RÉVÉRENDES MÈRES,
MES FRÈRES,

Dans une de ces premières pages de la Bible, qui sont la divine histoire des origines de l'humanité et le prophétique tableau de sa vie à travers les âges, il est raconté qu'un patriarche, celui dont le nom est resté attaché à l'idée de sacrifice, le père des croyants, Abraham, sortit un jour de la terre de Haran, devenue sa patrie. Il s'éloigna de sa parenté et de la maison de son père, et sur sa route, à Béthel et à Mambré, il éleva des autels au Seigneur [1]. Et quand il avait dressé ces autels, il les laissait vides, soit qu'il n'eût pas le courage d'immoler une victime, soit qu'il ne connût dans le monde déchu qui l'entourait ni prêtre ni offrande agréables à Dieu. Or après qu'il eut livré des batailles et remporté des victoires, le Seigneur lui apparut et lui dit [2] : « Prenez votre fils et allez en la terre de la « Vision, et là vous me l'offrirez en holocauste « sur une des montagnes que je vous montrerai. » Le patriarche partit avec son fils et ses serviteurs, et quand le troisième jour se fut levé, il gravit la montagne indiquée. Isaac portait le bois de l'holocauste; lui, tenait entre ses mains le feu et le glaive. Le reste du récit vous est connu. Laissez-moi seulement prendre occasion de ses premières circonstances pour entrer dans la grande leçon du sacrifice telle que Dieu l'a dictée à l'homme, et telle aussi qu'elle n'a cessé d'être pratiquée, du mont de la Vision au mont du Calvaire, et du Calvaire à tout lieu où s'offre une oblation pure.

Il y a un an, vous aussi, ma sœur, obéissant à l'appel céleste, vous disiez adieu à votre famille et vous entriez sans regarder en arrière dans une voie nouvelle et inconnue. Et alors il sembla aux témoins de vos premiers pas que vous aviez con-

1. Gen., xii, 8, et xiii, 18.
2. Gen., xxii, 1.

sacré un autel au Seigneur, l'autel de votre bon désir. Puis, vous le laissiez vide en apparence pour continuer votre marche. Chaque jour, vous avanciez au chemin de la perfection, et, si parfois l'ennemi de votre vocation se présentait, si les tentations surgissaient à la traverse, si les illusions vous tendaient leurs embûches, vous vous souveniez que le royaume des cieux souffre violence, et que par les vaillants seuls il veut être enlevé. Dieu soit loué! votre courage a été à la hauteur de la lutte, et la lutte se termine au triomphe. Et voici que maintenant la voix de Dieu s'est fait une seconde fois entendre; elle vous a conviée à ce sanctuaire, vraie montagne de la Vision, et elle vous a demandé d'y consommer le sacrifice. Votre réponse a été les paroles de mon texte: *Voluntarie sacrificabo tibi et confitebor nomini tuo, Domine, quoniam bonum est.* De tout mon cœur je vous ferai mon sacrifice, ô Seigneur, et je confesserai, à la gloire de votre nom, qu'il est un nom de bonté.

Chacune de ces paroles du psalmiste renferme un précieux enseignement; ce sont ces enseignements que je voudrais méditer quelques instants avec vous. Daigne Marie, la Vierge associée au plus grand de tous les sacrifices, vous obtenir de comprendre quelle doit être l'étendue du vôtre et quelle sera en retour la mesure de votre récompense! *Ave Maria.*

*Voluntarie.* C'est (pour traduire avec le Céré-monial du Carmel), « de votre bon gré et franche « volonté ». Le premier problème qui se pose en présence d'un acte, est celui du motif qui l'inspire ; et, plus l'acte est important, plus la recherche de son *mobile* doit être sérieuse. Si un acte allait jusqu'à décider de la vie, cette question, devenue une question vitale, ne saurait être soumise à un examen trop approfondi, ni à un contrôle trop éclairé. Cet examen, ma sœur, vous l'avez subi ; ce contrôle, il a été exercé. Après avoir prié Dieu, le Père des lumières, après avoir consulté ses représentants ici-bas, après vous être longuement interrogée vous-même, non seulement dans le calme de la retraite et le silence du recueillement, mais encore dans l'expérience pratique et l'apprentissage quotidien de cette vie, objet de vos désirs, un jour, — c'était hier, — vous vous êtes présentée à l'autel, et, sur une formule qui engage en honneur et conscience, vous avez prononcé un seul mot, mais un mot qui résume tout : je veux. Je veux la pauvreté, je veux la chasteté, je veux l'obéissance. Vous l'avez dit, et vous étiez libre de ne pas le dire. Là est la responsabilité ; là est aussi le mérite. Et c'est parce que vous l'avez voulu dans la plénitude de votre intelligence et dans l'entière possession de votre indépendance, que vous avez atteint du même coup à l'idéal du sacrifice chrétien, l'offrande spontanée, l'oblation par amour.

Tout à l'heure le sacrifice de la loi antique arrêtait nos regards; il faut les en détourner maintenant. Dans sa candide confiance, l'enfant du vieux patriarche ne soupçonnait même pas où son père le conduisait; certes, ce n'était pas lui qui demandait le bûcher. Rappellerai-je une histoire non moins touchante, celle de la fille de Jephté? Vouée à la mort par une parole imprudente de son père, la vierge d'Israël fut douce et fière en sa résignation; mais elle y mêla sa tristesse, et demanda deux mois pour aller sur les montagnes pleurer sa virginité au milieu de ses compagnes [1]. Evoquerai-je la figure de ces autres sacrifices dont l'univers était le théâtre souillé? En ces temps, l'humanité n'allait plus à Dieu qu'en tremblant, et elle se traînait vers lui derrière des files de victimes. Le peuple de la promesse lui-même faisait ruisseler sous les hécatombes le temple de Jérusalem. Dans la loi antique, a dit énergiquement Bossuet, « tout est en sang [2] ».

Mais ce ne pouvait être là les sacrifices qui agréaient à Dieu. Il les imposait à l'expiation et il les recevait de la terreur; ce qu'il attendait de l'homme et ce que l'homme lui refusait, c'était un présent volontaire, un hommage de son cœur. Le livre des Psaumes retentit à chaque verset des plaintes irritées de Jéhovah, à qui n'importent ni

1. *Judic.*, XI, 37.
2. *Élévations*, XI, 9.

ces charnels holocaustes ni ces serviles tributs[1]. L'immolation que demande le Très-Haut est un sacrifice de louange; la seule voix qui l'honore est la voix de la prière et des vœux. *Immola Deo sacrificium laudis : et redde Altissimo vota tua.* Hélas! l'homme, flétri par l'anathème originel, n'était plus capable de cette louange pure, et, maudit et dégénéré, il n'avait plus rien d'immaculé à offrir à Dieu. Ce fut Dieu lui-même, la pureté infinie et la justice substantielle, qui se livra pour lui.

Au point de départ de cette divine exode, une scène mystérieuse se passa dans les profondeurs du ciel. Elle a été retracée pour nous par saint Paul. Or qu'y voyons-nous apparaître? — La donation intégrale et spontanée de soi. Et ceci allait à renouveler la face de la terre.

La seconde personne de l'adorable Trinité, le Verbe éternel, se présenta devant son Père et lui adressa ces sublimes paroles :

« Vous n'avez point voulu d'hostie ni d'oblation, mais vous m'avez formé un corps;

« Les holocaustes pour le péché ne vous ont point agréé.

« Alors j'ai dit : Me voici, selon qu'il est écrit de moi, en tête du livre, pour faire, ô Dieu, votre volonté[2]. »

1. Ps. XLIX, 14.

2. *Hostiam et oblationem noluisti; corpus autem aptasti mihi. Holocautomata pro peccato non tibi placuerunt.*

*Tunc dixi : Ecce venio; in capite libri scriptum est de me : ut faciam, Deus, voluntatem tuam.* Heb., X, 5, 6, 7.

Avons-nous bien entendu, mes frères? Le voici
donc enfin le premier sacrifice auquel Dieu va se
complaire; voici l'oblation inspirée par l'amour,
l'amour réalisé dans le dévouement, le dévouement traduit par la libre abnégation de la personne.
Un Dieu se fait homme pour habiter parmi nous;
il s'exile de la béatitude pour partager nos dou-
leurs; il renonce à tout, pour nous rendre quelque
chose. Ensuite, de la crèche du Dieu-Homme et
de son entrée en ce monde, passez à l'autre
extrémité de sa vie, et contemplez ses derniers
moments. D'un trait, et comme d'un éclair,
Isaïe a illuminé ce spectacle du Golgotha :
« Celui qui s'offrait, s'offrait volontairement. »
*Oblatus est, quia ipse voluit*[1]. C'est toujours
la même leçon, celle du sacrifice non seulement
consenti, mais voulu; non seulement voulu,
mais convoité, mais embrassé, mais aimé.
« Ayant aimé les siens, dit saint Jean, il les aima
« jusqu'à la fin[2] ». Différents dans la forme, le mot
du prophète et celui de l'apôtre sont pour le fond
identiques. Désormais, dans la tradition chrétienne, amour et sacrifice se confondront et ne
feront plus qu'un.

Dites-moi, est-ce qu'il n'en va pas ainsi même
de l'amour naturel et profane? Est-ce qu'une
affection quelconque vous paraît sincère, si elle

1. Isaï., LIII, 7.

2. *Cum dilexisset suos qui erant in mundo, in finem dilexit eos.*
Joann., XIII, 1.

ne va pas jusqu'au dévouement? Est-ce que jamais elle vous semblerait entière, si elle ne s'abandonnait pas sans réserve? Et pourquoi donc le sentiment sacré entre tous, l'amour de la mère pour son enfant, a-t-il droit à plus de respect, sinon parce qu'il représente une plus grande somme de sacrifices? Et qui encore, ayant eu un amour vrai au cœur, n'a éprouvé ce besoin impérieux de faire quelque chose pour l'objet de sa tendresse, de lui offrir tout ce qu'il a et tout ce qu'il est, non pas même comme un don, mais comme une chose perdue et détruite pour lui, j'allais presque dire, — et vous le dites, — *consacrée*. Oui, qui donc a aimé quelqu'un, et, s'il était pauvre, n'a souhaité la richesse, non pour en jouir dans un glacial égoïsme, mais pour la consacrer au bonheur de l'être qui le captivait? Qui donc a admiré plus grand que soi, et, s'il était inconnu, n'a ambitionné la gloire pour la consacrer humblement à l'être supérieur qui le subjuguait, à la mémoire d'un grand nom peut-être, ou à l'honneur d'une noble cause? Qui n'a été plus avant encore, et, dans une heure de passion ou d'enthousiasme, n'a rêvé un de ces actes de désintéressement absolu et de dévouement impossible, où il n'y eût plus rien à retirer pour soi, où il y eût tout à immoler pour un autre, ce qui, dans la langue humaine, s'appelle une *folie*. Eh bien, cet acte, pourquoi ne le répéterais-je pas après saint Paul? Dieu lui-même nous en a donné l'exemple, et dans son

amour pour nous, il a fait la sublime « folie de
« la croix [1] » ; il l'a faite, et à cause de cela, depuis
dix-huit siècles, il y a eu des âmes qui dans leur
mesure ont tenté de la refaire.

*Sacrificabo*. Je sacrifierai. Une fois le motif
déterminant d'un acte analysé et connu, il convient
de l'étudier dans sa *nature* et dans ses agents. Si
tout sacrifice est une offrande, toute offrande n'est
pas un sacrifice. Dans sa notion précise et théolo-
gique, le sacrifice est une oblation matérielle, consacrée à Dieu, par quelque rit spécial, et accompa-
gnée de la destruction plus ou moins complète
de l'objet, parfois même d'un simple changement
de destination. De cette définition il ressort qu'une
manifestation sensible est nécessaire, et que l'opé-
ration extérieure d'un agent s'exerçant sur une
matière est formellement requise. En d'autres
termes, il y a un ministre et il y a une victime.
Quels sont ces deux facteurs de l'acte, dans le
sacrifice particulier constitué par la profession des
vœux, c'est ce qu'il est temps d'expliquer.

Le *ministre*, il semblerait, de prime abord,
que ce soit le prêtre. Le prêtre n'est-il pas par
essence le pontife et le sacrificateur ? A ce dessein,
Dieu l'a tiré du milieu des hommes et l'a constitué
entre lui et eux [2]. Tous les jours, il entre au
sanctuaire, et renouvelle sous une forme non

1. I Cor., I, 23.
2. Heb., V, 1.

sanglante la sanglante effusion du Calvaire. Cependant, lui qui traite Dieu même, pour ainsi parler, comme sa chose, il n'a point le droit d'offrir à Dieu une créature intelligente et libre. Le prêtre, il peut, — et vous savez si ceux dont je parle l'ont fait, il peut, dis-je, mêler ses prières à celles de la victime ; il peut, — et ici je touche à des souvenirs multiples, il peut encore la soutenir et la diriger dans cette voie ascendante du sacrifice ; aujourd'hui un prêtre vous reçoit au pied de cet autel, pour déposer sur votre front béni par sa main paternelle, le voile virginal, couronne de votre victoire. Mais enfin, si secourable que soit la bonté sacerdotale, si encourageante que se montre cette pastorale sollicitude, elle ne saurait conduire au delà. Serviteurs de Dieu et pareils à ces serviteurs du patriarche qui restèrent au bas de la colline du sacrifice, ceux qui vous ont guidée se sont agenouillés devant l'autel de vos vœux, se contentant d'appeler sur vous lumière et force ; à vous seule il appartenait d'en gravir les degrés et de monter jusqu'au sommet.

Si le ministre de cette immolation n'est pas le prêtre, ce sont encore moins les parents. Oh ! je n'ignore pas combien est étendu le droit que possèdent sur ceux auxquels, après Dieu, ils ont transmis la vie, les êtres chéris à qui nous donnons les noms incommunicables de père et de mère. Mais il existe, au fond de la conscience, un domaine réservé et inviolable, où l'homme, placé en face de la route à choisir, ne relève plus que de Dieu et de soi, de son devoir et de son libre arbitre. De même que ni père ni mère n'ont de titre suffisant pour disputer un enfant à Dieu, si Dieu, le maître des maîtres, et le père des pères, leur impose cette séparation, pas davantage ils n'ont qualité pour peser dans la direction inverse sur sa détermination, ni pour faire incliner du côté de la vie parfaite cette balance délicate dont les plateaux ne doivent connaître d'autre touche que celle de la grâce.

Le prêtre et les parents écartés, il ne reste qu'un ministre possible du sacrifice opéré par la profession religieuse, et c'est le religieux lui-même. Ne vous en plaignez pas, ma sœur; c'est une ressemblance de plus avec le divin modèle, Jésus, le crucifié du Calvaire.

Comme lui, vous avez été sacrificateur, et, comme lui, vous êtes en même temps *victime*. Pardonnez-moi d'insister sur cette pensée; si austère qu'elle paraisse, elle n'a de cruel que les apparences. Dans le récit biblique que je citais au début, se détache un détail d'une grâce innocente et naïve : « Isaac dit à son père : Mon père; et il « répondit : que voulez-vous, mon fils? Voici « bien, reprit-il, le feu et le bois; où est la vic- « time de l'holocauste ? » *Ubi est victima holocausti ?*[1] Cette même question, ma sœur, je croyais l'entendre en ce jour, et en cela vous me

1. Gen., XXII, 7.

permettez d'être l'interprète de vos sentiments, je croyais, dis-je, l'entendre tomber de vos lèvres, avec un charme semblable, mais avec un sens bien différent. Tandis que les cœurs s'attendrissaient autour de vous et que les larmes étaient prêtes à couler, vous, toute à vos joies surnaturelles et à vos radieuses espérances, vous étiez seule, dans votre courage, à ignorer votre sacrifice, et, comme si vous n'eussiez rien fait que de naturel, ou plutôt comme si, lorsqu'on parlait de souffrance, il se fût agi d'une autre que de vous, vous demandiez en souriant : « *Ubi est victima* « *holocausti?* » Mais où donc y a-t-il une victime et un holocauste? Moi, je ne sais que la douceur sans mélange de me donner à Dieu.

Et vous aviez raison, car la sérénité convient à l'oblation. Cette action, dit Bossuet, demande « une contenance remise et posée », un « esprit « tranquille » et un « sens rassis »; et il veut que nous conformant au Sauveur, nous mourions à nous-mêmes « plus doucement que nous n'avons « accoutumé de dormir [1]. »

Mais, quand bien même il y aurait à souffrir, vous auriez raison encore de regarder toute condoléance du dehors comme une erreur et une contradiction. Indulgent pour toutes les faiblesses, le monde trouve bon ou accepte qu'il y ait des victimes des passions et du plaisir, des intrigues et de l'ambition, des événements et de la fortune,

1. *Premier Sermon sur la Compassion de la Sainte Vierge.*

des victimes enfin de toutes les idoles et de tous les amours; en revanche, il n'éprouve guère qu'une pitié compatissante envers celles qu'il nomme les victimes du cloître. Pour sincère qu'elle soit, sa pitié s'égare. Y eût-il beaucoup à souffrir dans la vie monastique, peine physique pour peine physique, torture morale pour torture morale, ces victimes-là ne sont pas les plus à plaindre qui se sont faites par libre choix les victimes non du cloître mais de l'amour de Dieu. En ces âmes, ou nulle part, est la jouissance sans épines et sans lendemain, le bonheur sans partage et sans retour, l'amour qui déifie la souffrance, la souffrance qui purifie l'amour.

Depuis quand d'ailleurs une âme n'aurait-elle plus le droit de s'unir à Dieu et d'être assez éprise de ses attraits infinis pour lui dire : Seigneur, si je m'immole à quelqu'un, ce ne sera jamais à un autre que vous. *Sacrificabo tibi*. Serait-ce que Dieu est indigne de ce suprême hommage ou qu'il s'y montre indifférent? Il s'en déclare si jaloux au contraire que le vœu, cette expression par excellence du sacrifice religieux, ne peut être adressé à aucun autre que lui, ni à un saint, ni même à la Sainte Vierge. Tant le sacrifice est à ses yeux l'offrande spéciale de la créature au créateur, et la reconnaissance expresse de sa souveraineté! Un jour, lit-on dans la vie de sainte Catherine de Sienne, Notre Seigneur lui apparut et lui dit : « Sais-tu, ma fille, ce que tu es et ce

« que je suis? Si tu apprends ces deux choses, tu
« seras bienheureuse : Tu es celle qui n'est pas,
« et moi je suis celui qui suis. »

Toute la raison d'être du sacrifice est là. Sa *fin*
primordiale et essentielle est de témoigner que
nous sommes la propriété de Dieu, créés par lui,
conservés par lui, destinés à lui. Mais de l'ado-
ration au souverain qui est la racine même du
sacrifice, sortent et s'épanouissent trois fleurs
égales sur une tige unique, trois fins que je n'ose-
rais appeler secondaires tant elles sont nobles et
relevées; ce sont l'action de grâces au bienfaiteur,
la demande au Tout-Puissant, et, depuis le péché,
la satisfaction à l'Infini outragé.

Tel est donc le but triple et un, auquel vous
rapporterez désormais toutes vos facultés et chacune de leurs opérations, votre esprit et toutes ses
pensées, votre cœur et tous ses battements. Alors
que tant d'existences s'en vont au hasard, ba-
nales, désorientées ou vides, où en trouver une
plus haute que celle-ci, mieux dirigée et plus
remplie?

Quelle sera pour vous la *durée* de cette oblation intense, je ne sais; mais je vous souhaite
d'autant plus d'années dans l'exercice de cet
acte méritoire que chaque jour écoulé dans la
maison de Dieu en vaut plus de mille sous la
tente des pécheurs[1]. Ce que je dois et ce que je veux
vous dire, c'est que le sacrifice qui est la trame de

1. Ps. LXXXIII, 11.

cette vie en devra sans discontinuité composer le tissu. La parole que vous avez donnée est de celles sur lesquelles on ne revient pas, ne fût-ce que pour un instant. Quand un homme a donné sa parole à un autre homme, il se considère comme lié d'honneur ; quand un homme a prêté serment à Dieu, il serait pour le moins étrange qu'il prétendît jamais recouvrer sa liberté. Comme moi, vous avez lu, dans la *Vie de sainte Térèse par elle-même*, une page qui peint au vif son exquise délicatesse de conscience. Elle avait un tel respect de ses moindres engagements que, pour avoir seulement déclaré sa vocation à son père, elle se regardait déjà comme vouée pour toujours à J.-C. Et elle ajoute : « Un tel acte de ma part, « c'était en quelque sorte prendre le saint habit. « J'étais si jalouse de l'honneur de ma parole, « qu'après l'avoir une fois donnée, rien au monde « n'eût été capable de me faire retourner en ar- « rière. [1] »

Si je vous rappelle ce langage de votre fondatrice, je ne vise point, vous le comprenez, ma sœur, la stabilité matérielle dans la clôture ou la fidélité extérieure aux règles du Carmel. L'esprit de vos observances plane trop au-dessus. Par l'étreinte des sens, votre institut tend à dilater l'âme ; et le travail indéfini de perfection qui est votre devoir d'état, tend à rendre le cœur de

---

1. *Vie de sainte Térèse, écrite par elle-même,* traduite par le P. Bouix. Paris, 1867, in-12, 11ᵉ édit., p. 29.

plus en plus ouvert et généreux, ardent et sacrifié. C'est pourquoi, si jamais, dans cet effort sans trêve et ce labeur assidu, vous vous sentiez effleurer par le découragement, vous pourriez vous rappeler une parole que je vous livre, et dont le temps fera lui-même l'application. C'est la parole d'une femme du monde, héroïque chrétienne dont le fils donna sa vie pour la foi. Je l'ai recueillie dans les *Actes de la captivité* des Pères jésuites massacrés par la Commune. Quelques jours après le 26 mai, jour où le P. Anatole de Bengy avait été fusillé rue Haxo, un prêtre de Saint-Sulpice, l'abbé de Champgrand, annonçait la sanglante nouvelle à la mère du martyr. Il croyait ne s'adresser qu'à une mère, il se trouva en présence d'une sainte : « Mon Dieu, s'écria-t-elle « tout-à-coup, quel sacrifice ! mais je suis bien « heureuse. *Vous voudriez me le rendre, mon* « *Dieu, je n'en voudrais pas.* » Et comme elle entendait autour d'elle des gémissements et des sanglots : « Vous n'avez pas l'esprit de foi, reprit- « elle ; ... j'ai fait à Dieu entièrement le sacrifice. « *Point de rapine, non point de rapine dans le* « *sacrifice !* [1] » Votre holocauste aussi, ma sœur, est consommé ; mais si vous ne voulez pas être inférieure en religion à ce que fut dans le siècle cette femme forte selon le cœur de Dieu, ne craignez pas de repasser parfois en esprit ses vail-

---

1. *Actes de la captivité et de la mort de cinq pères de la Compagnie de Jésus*, 10e édit., 1873, in-12, p. 240.

lantes paroles. Si dans une heure de trouble in-
volontaire, le fantôme de votre liberté perdue se
présentait à vos regards, comme elle, vous vous
redresseriez alors dans l'élan d'une indomptable
énergie, et vous protesteriez à Dieu : Vous voudriez me la rendre, mon Dieu, je n'en voudrais
pas ... ou plutôt, si, j'en voudrais; mais pour vous
l'immoler à nouveau, et encore avec plus d'amour !

Ainsi pratiquée, la vie religieuse sera toujours
douce et bonne pour vous. Chaque soir, vous
pourrez rendre en votre âme au Seigneur le té-
moignage que son nom est un nom de bonté.
*Confitebor nomini tuo, Domine, quoniam bonum
est.* Chaque matin, vous le lui redirez de bouche,
quand vous réciterez à l'heure de Prime ce verset
du saint Office, et alors aussi vous pourrez pen-
ser que loin de vous un frère unit sa prière à la
vôtre.

Cette vie religieuse sera en outre féconde et
utile pour autrui, car vous vous souviendrez que
vous devez souvent, en vertu même de votre vocation :

> Faire, en priant, le tour des misères du monde.

Et la parole de Jésus se trouvera vérifiée; parce
que vous aurez pris la bonne part, elle ne vous
sera point enlevée. Je vous le disais l'an dernier,
au jour où vous revêtiez les livrées du divin
maître; je ne puis que vous le redire, en cet anni-
versaire où vous recevez le voile des épouses du

Christ. Gardez ce voile et il vous gardera. Dans les unions de ce monde, le voile de dentelle blanche peut brusquement se changer en crêpe noir. Votre voile n'est pas de ceux qui passent. Il me semble que la main invisible des anges l'effilera chaque jour et qu'elle en reformera là-haut la chaîne d'or de votre diadème céleste.

Je n'ai plus que quelques mots à dire. Je les adresserai à vous, ma sœur, et à ceux qui ont bien voulu être les *témoins* de votre sacrifice. C'est dans l'atmosphère d'une famille chrétienne que vous avez grandi. Est-ce au milieu de ces exemples de constante abnégation et de vertu sévère, que vous avez conçu votre première idée d'immolation, c'est le secret de Dieu ; du moins n'est-ce pas du côté des vôtres que vous viendraient les reproches ou les étonnements. Tout à l'heure nous parlions du sacrifice de la croix. Quand Jésus voulut l'accomplir, pour faire voir tout ce qu'il peut y avoir de viril courage et de surhumaine résignation dans un cœur de mère, il y associa Marie. Votre mère, si loin qu'elle soit retenue par les souffrances du corps, est proche de vous par la pensée et debout près de votre croix. Une autre y est aussi ; et c'est encore votre mère ; et si à cause de son amour qui vous suit depuis le berceau, un glaive de douleur transperce aujourd'hui son âme, elle met sa foi plus haut que sa tendresse, et bénit Dieu qui, vous ayant donné à elle, vous a reprise pour lui. L'Evangile mentionne un disciple aimé de Jésus, et plusieurs saintes femmes, parentes ou amies, qui avaient accompagné Marie en son angoisse. Les chrétiens distingués et les pieuses chrétiennes réunis en cette chapelle me pardonneront cette allusion à leur présence, dernière et touchante marque d'une sympathie que la reconnaissance gravera dans votre souvenir. Ainsi unirez-vous, dans le sentiment d'une commune affection, les deux familles entre lesquelles vous avez partagé votre vie, la famille selon la nature et la famille selon la grâce. Et, puisque celle-ci a consenti à vous ouvrir ses rangs d'élite, puisque vous y avez rencontré, avec des sœurs en Dieu aimantes et aimées, une supérieure, véritable mère d'adoption de votre âme, vivez heureuse, ma sœur, dans la maison du Seigneur, et qu'elle vous soit le vestibule de la demeure éternelle ! Ainsi-soit-il.